图说非遗系列

大丁 / 绘著

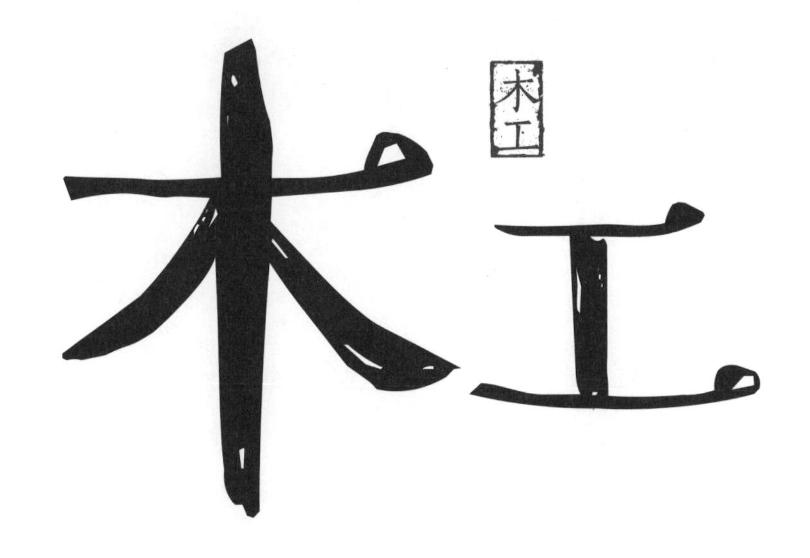

海天出版社
· 深 圳 ·

图书在版编目（CIP）数据

木工 / 大丁绘著. — 深圳 : 海天出版社, 2020.7
（图说非遗系列）
ISBN 978-7-5507-2874-5

Ⅰ. ①木… Ⅱ. ①大… Ⅲ. ①手工－木工－中国－儿童读物 Ⅳ. ①TS656-49

中国版本图书馆CIP数据核字(2020)第047129号

木工
MUGONG

出品人　聂雄前　　责任编辑　南　芳　童　芳
责任校对　叶　果　　责任技编　郑　欢
装帧设计　知行格致

出版发行　海天出版社
地　　址　深圳市彩田南路海天综合大厦（518033）
网　　址　www.htph.com.cn
订购电话　0755-83460239（邮购、团购）
设计制作　深圳市知行格致文化传播有限公司　Tel：0755-83464427
印　　刷　中华商务联合印刷（广东）有限公司
开　　本　787mm×1092mm　1/16
印　　张　3
字　　数　30千
版　　次　2020年7月第1版
印　　次　2020年7月第1次
印　　数　1—4000册
定　　价　35.00元

序

怎样把看似古旧的『非遗文化』鲜活地展现给孩子们呢？本系列丛书就是一座神奇的桥梁。

诙谐的漫画，恰到好处的幽默，使传承了千年的『老古董』跃然纸上。虽然是面向孩子的图书，但绘画者在细节刻画上仍一丝不苟，对制作工具的描画力求还原其本来的样貌，让这些可能爷爷辈才见过的物件生动地呈现在孩子面前。

这套书的文字也充满惊喜，不仅介绍了各类工艺的基本知识，还将老手艺背后的典故一一点出，让孩子能『知其然，知其所以然』。与其他少儿图书相比，这套书在说故事的时候体现出了罕见的严谨，给生僻字注音、对专有名词进行解释、附上参考古文，这些使得『追根溯源』不是停留在口头上，而是落到了实处。

中国山水画讲究留白，本书中部分漫画可以自己填色，这也算是一种留白吧！家长可以和孩子一起动手，也可以任由孩子天马行空。相信这是个双赢的尝试，让孩子的眼、耳、手同时发挥作用，既使读书变得更有趣，又使孩子对传统工艺的印象更加立体，也给传统工艺的发展种下了希望的种子。

木工

手艺网、手艺工场创始人，中华手工杂志总编辑

白昆鹏

目录

第肆章

木匠祖师

第壹章

木工

木工是一种古老的行业，从事该行业的人被称为『木匠』。他们以木头为材料，拉出墨线，提弹数次，然后用刨子、锛子、凿子等工具，制作各种各样的家具和工艺品。

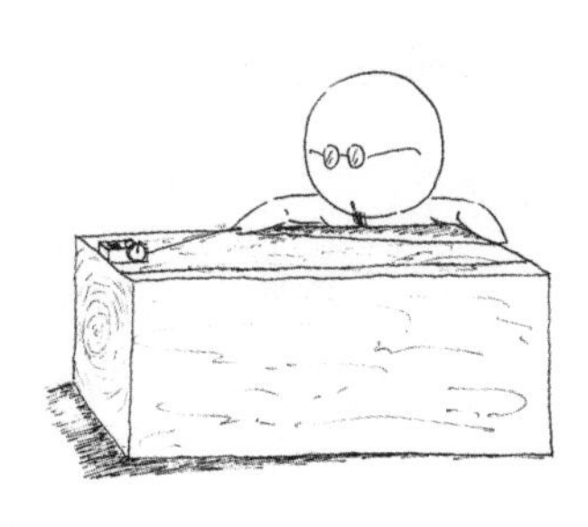

木工是指制造或修理木器、制造和安装房屋木制构件的一门工艺。木工及其工具的不断改进，对中国家具及建筑发展起到了推动作用。

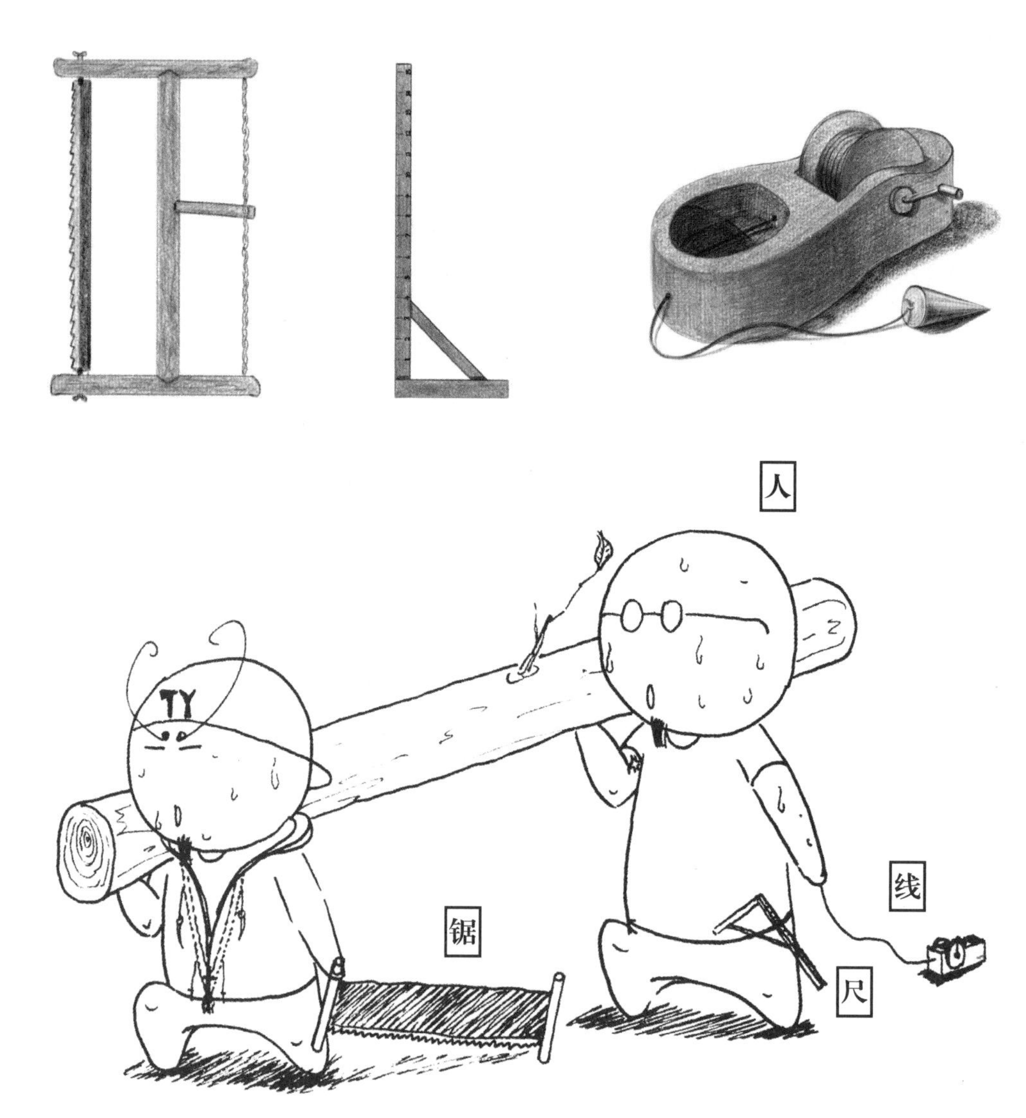

在中国古代，一个人如果拥有一把锯、一把尺、一条线，就可以自称木匠。

中国古代建筑按木工工艺的不同，可以分为两类：一类为大木作，主要指房屋木构件的制作与安装；另一类为小木作，主要指木制家具的制作与安装。

据《周礼·冬官考工记》所记载的『攻木之工』可知，周代木工分为轮、舆、弓、庐、匠、车、梓七种。之后各代分工不同，例如房屋的附属物藻井、勾栏、垂鱼等的木工制作，在宋代属小木作，明清时则属大木作。

第贰章

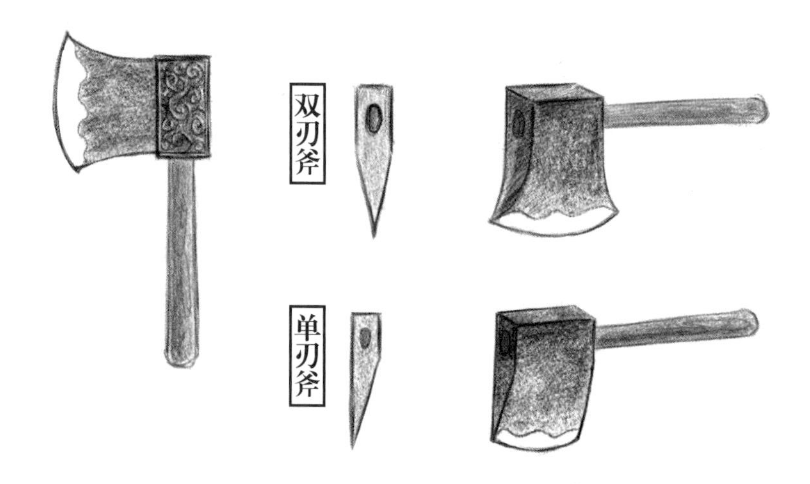

斧子是传统木工的必备之物，主要用于砍削木料。木工斧子的斧顶较大，几乎见方，可以兼作锤子。从斧刃上看，分为单刃和双刃两种：单刃斧的刀刃居一侧，适合做细加工；双刃斧的刀刃居中，适合做粗加工。

如果让老木匠拿一件工具来证明自己的身份，木工斧子当属首选。

斧子的使用方法分为砍、砸、钉三种。

砍：斧子所砍的木料一般不大，在所砍的木料下面垫上木板，以保护斧刃。砍之前，为了确保位置准确，要先在目标处画线。

砸：需要斧子和凿子一起配合使用。凿眼时，要让斧顶朝下，确保每一下都砸到凿子的正中间。安装时，斧子下面要垫上其他材料（如弃置不用的木板等），不要直接砸到木料上，以免留下痕迹。

钉：一只手拿钉，另一只手持斧，用斧顶轻轻敲击钉子，待钉子立稳后，再用力将其钉牢。

刨子是用来刮平木料的传统木工工具，刨刃、刨床是其主要组成部分。刨刃是用金属锻制而成的，刨床一般用不易变形且耐磨的硬木制成。刨子在形制上就是将一段刀刃斜向插入一个带方形孔的台座中，上面用压铁压紧，台座为长条形，左右有手柄，便于手持。手工刨削的过程，就是刨刃在刨床的向前运动中不断地切削木料的过程。

常用的刨子有三种：粗刨（刨刃角度小于 45 度）、细刨（刨刃角度为 45 度）、光刨（刨刃角度大于 45 度）。三种刨子的刨刃角度不同，用于处理不同阶段的木料。

bào
刨

刨料：把木料表面刨光或加工方正。
净料：画线、凿榫、锯榫后再刨削木料。
净光：家具构件组合后，全面刨削平整。

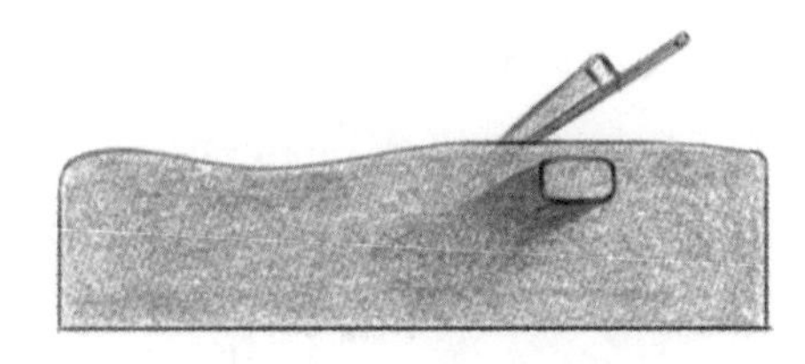

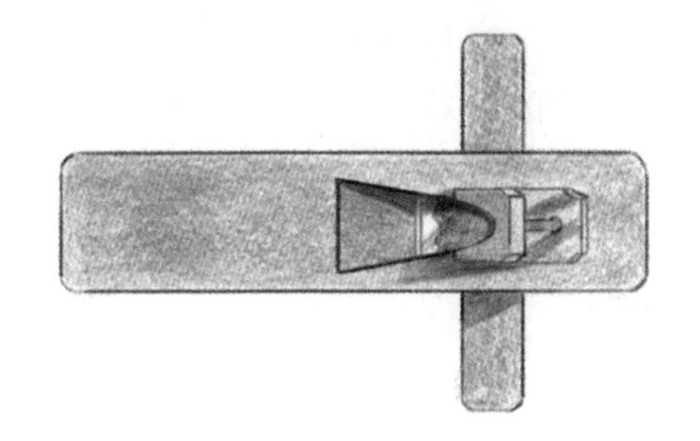

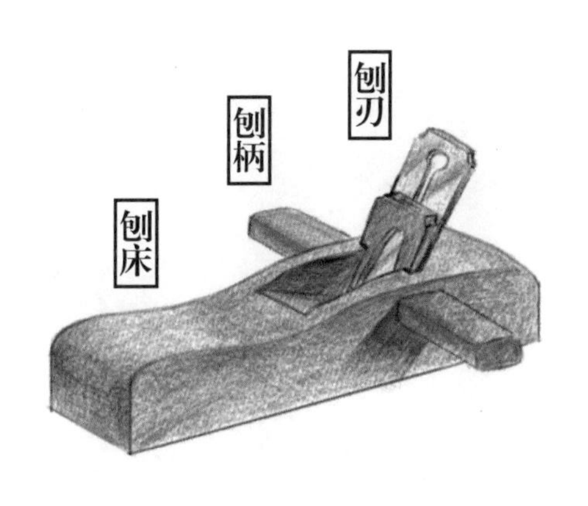

刨子种类较多，按照不同的用途可分为平刨、圆刨、槽刨、裁口刨、倒棱刨等。平刨是较常见的一种，主要作用是把木料加工平整、光滑；其他刨子可以把木料加工成圆形、槽形等形状。

cáo
槽

léng
棱

锯子

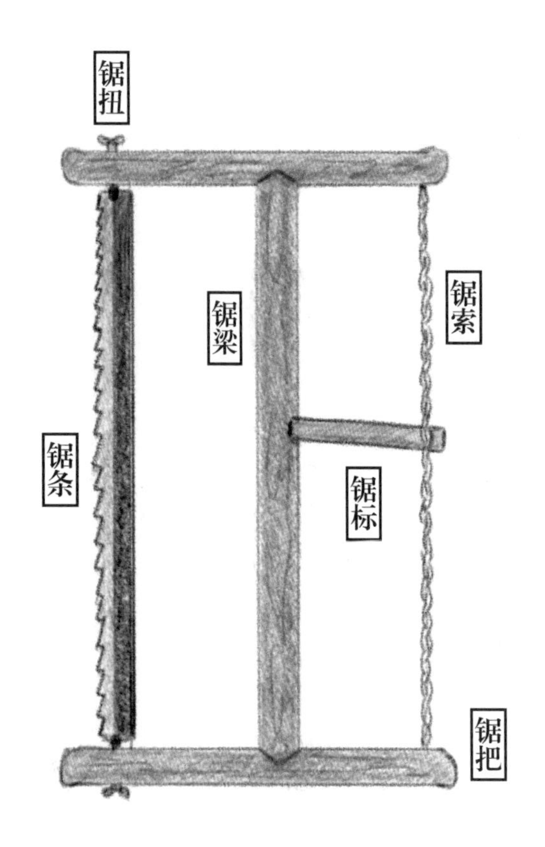

锯子是用有尖齿的薄钢片制成的，可来回拉动以割开木料的工具。从样式上可以分为框锯、板锯、横锯等。

框锯由锯条、锯扭、锯梁、锯标、锯索、锯把组成，主要用于锯割较细或较窄或较薄的木料。

锯子是木匠必备的工具之一，主要用来开料、截料和开榫等。

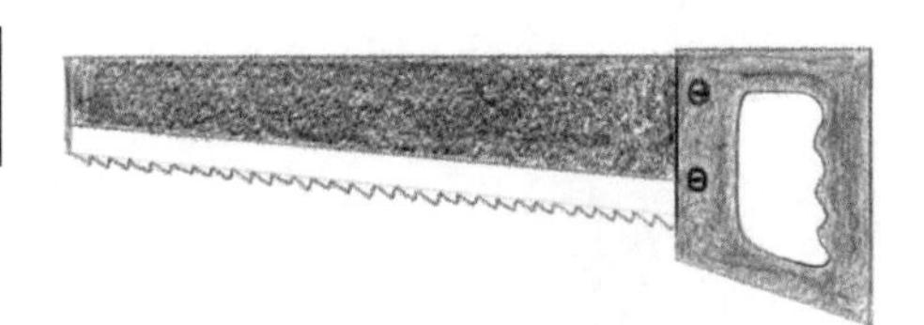

板锯的锯条比较宽、硬，因此不需要框架固定，只需要安装一个把手，就可以使用。板锯主要用于锯割较粗或较宽或较厚的木料。

横锯较大、较长，适用于双人手工操作锯割木料，也有些地方的人会将横锯装在木架上，供双人推动以锯割木料。

锛子

bēn 锛

lǐn 檩

锛子主要用于房梁和檩条等大构件的初期加工，比如把圆木砍成方形，把弯的木料砍成直的。

锛子是用来削平木料的木工工具，主要由锛刃、锛头和锛把三部分组成。锛把与刃具垂直呈丁字型，刃具扁而宽，使用时需向下、向里用力。

锛刃为熟铁打造，刃部下面铺钢，是加工木料的主要部分。锛头是一段木头，长约30厘米，前端用榫连接锛刃，中间有一个孔，用于安装锛把。锛把长约一米，末端常制成向后弯曲的形状，以方便工匠双手握持。

使用锛子时，要站在待加工的木料上面或者侧面。以惯用右手使用工具为例，右脚在前，左脚在后，右手握在锛把中上部，左手握在锛把末端，右手负责调节锛子下落的速度和力度。

还有一种小型的锛子，方便灵活，可以单手使用。

凿子是用来挖槽或打孔的木工工具，长条形，由凿刃、凿身、凿库、凿把和凿箍等组成。

凿刃一般为钢制。凿身为熟铁制作，用来加固凿刃。凿库也为熟铁制作，连接着凿把。凿箍是为了防止凿把开裂而套的铁箍。凿把一般为木制，是手持部分，顶端承受锤子的敲击。

gū
箍

扁铲的形制与凿子十分相似，都是下有刃具、上有手持部分，但使用方法略有不同。

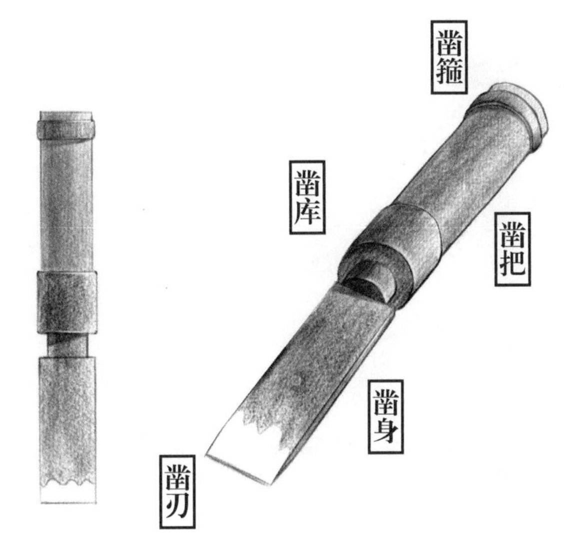

使用凿子时，把需要凿眼的木料放好，并将木料下方垫平，也可以将木料放在地面或桌椅板凳上。若木料过长，可用臀部把木料坐稳压实；若木料太短，则可用脚将其踩稳，蹲着凿眼。

凿眼时，一只手握住凿子，让其垂直于木料，另一只手握住斧子或锤子，用斧顶或锤子击打凿把顶端；身体保持直立，头稍微偏向凿子一侧，以防击打时受伤。

握把

钻杆

钻绳

拉杆

钻头

钻子是用来钻孔的木工工具，有多种形制，下文主要介绍常用的牵钻和螺旋钻。

牵钻由握把、钻杆、钻绳、钻头、拉杆等组成，钻力较小，适合钻小孔。使用时，一只手稳定握把，钻头对准木料，另一只手水平推拉拉杆，使钻杆旋转打孔。

牵钻靠牵拉作用转动，可以根据需要换粗细不同的钻头。

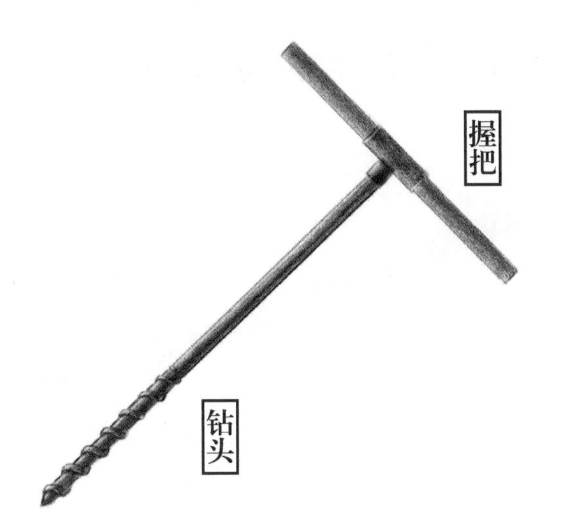

螺旋钻，因钻杆前段呈螺旋状、端头呈螺钉状而得名，主要由握把和钻头组成。螺旋钻钻头规格较多，应用广泛，适合在表面比较粗糙的木料上钻孔。

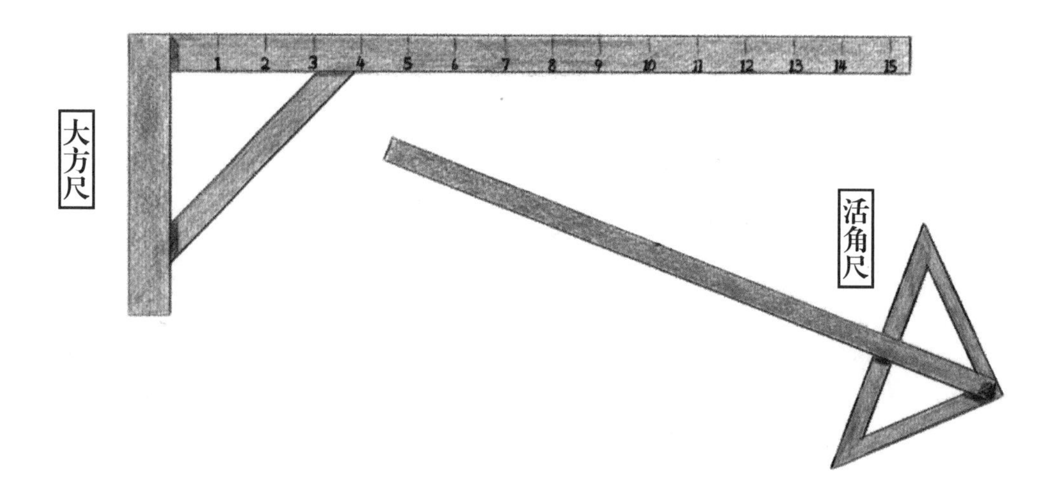

木工尺子是用来量长度或角度的工具。木匠常用的尺子有大方尺和角尺。大方尺，又称“拐尺”，常用于校验组件是否垂直、方正。角尺用来画角度，分为割角尺和活角尺：割角尺可用于画 90 度和 45 度的角，活角尺可用于画非 90 度的角。

鲁班尺，俗称“木匠尺”或“木尺”，相传由春秋时期的鲁班发明，并因此得名。

鲁班尺的刻度分为八大格，每大格又分为若干小格。在中国古代，人们讲究风水，祈求平安、吉祥，因此在鲁班尺格里写了各种吉凶词。建造房屋和制作家具时，人们都要用此尺量一下，做成与吉利有关的尺寸。

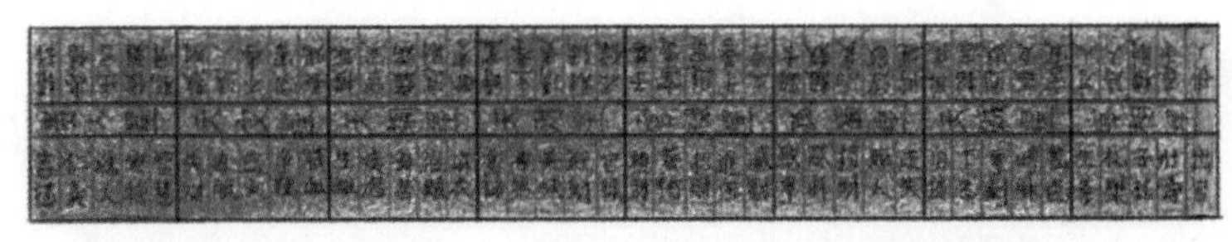

一把鲁班尺长46厘米（参考北京故宫博物院的藏品）

『无规矩不成方圆』源自孟子·离娄章句上。规指的是校正圆形的工具，也可用来画圆。矩指的是校正方形的工具，也可用来画方。没有规和矩，就无法做成规整的圆形和方形。

bēng
绷

使用墨斗时，要绷紧墨线，以免因墨线松弛或者方向不定造成弹线不直，从而影响加工进度。

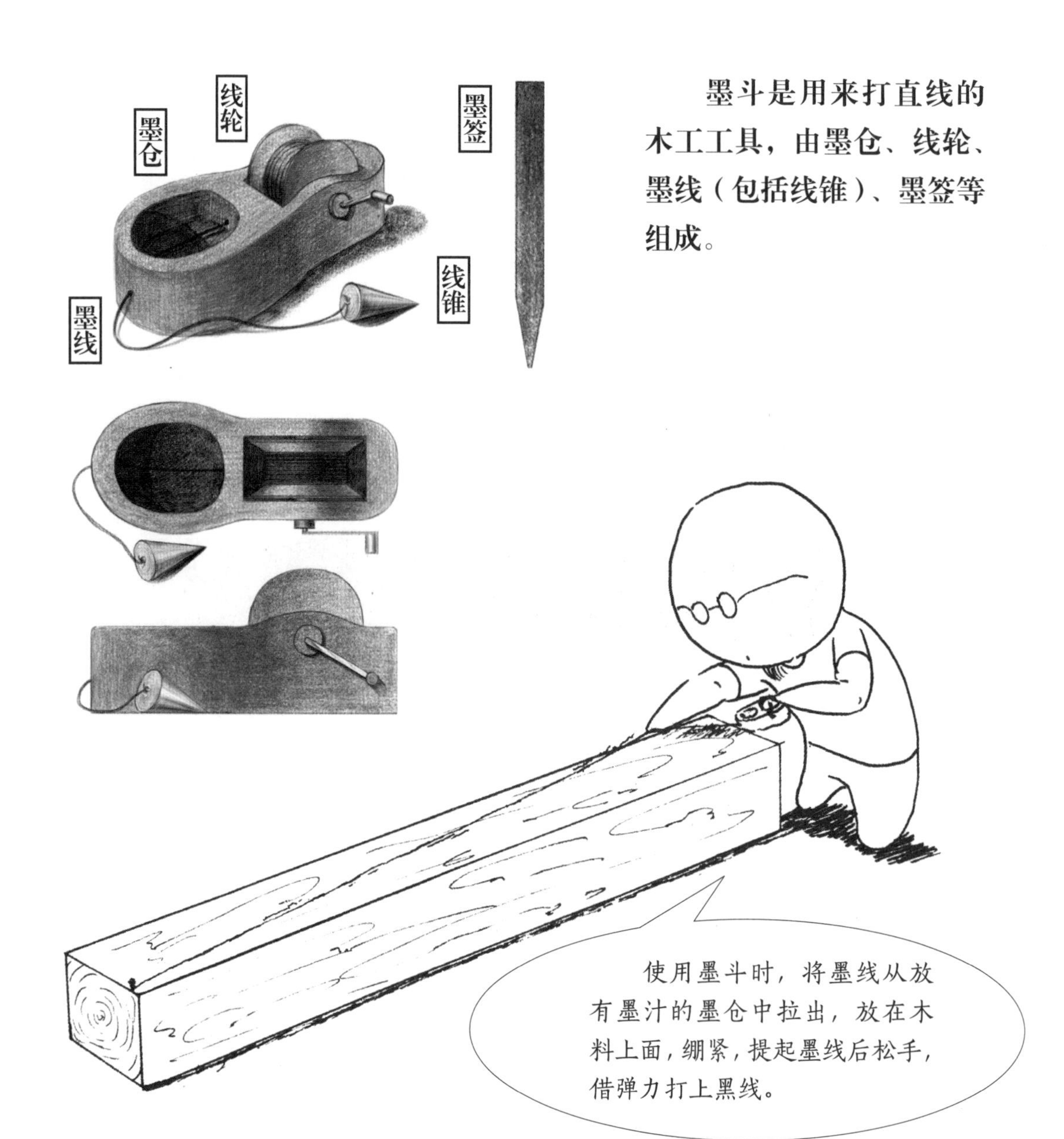

墨斗是用来打直线的木工工具，由墨仓、线轮、墨线（包括线锥）、墨签等组成。

根据不同工艺需求，墨斗有大小之分：用来制作家具的墨斗可做得较小些，用来制作建筑木构件的墨斗可做得较大些。墨斗除了用来弹线之外，有时还用来吊垂线，衡量放线是否垂直或水平。

第叁章

木构件

中国是最早应用木构件的国家之一。北宋时期，李诫编修的《营造法式》规定了木制建筑各种构件的比例关系和人工材料定额，有些标准后世一直沿用。

木工

sǔn 榫

mǎo 卯

古代中国人不用钉子、钢筋和水泥，就能把房子建得很牢固，有些建筑甚至存在了数千年。

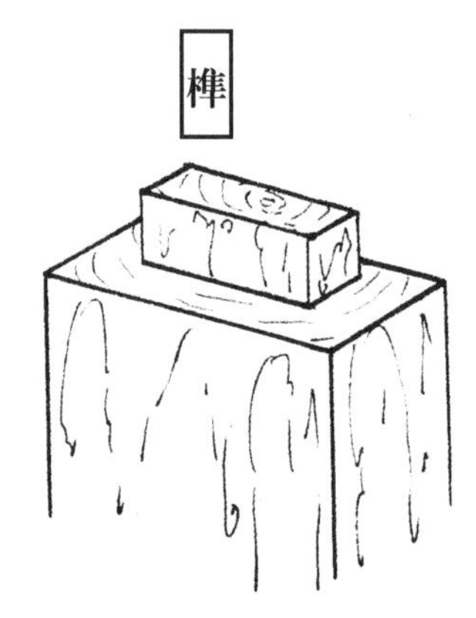

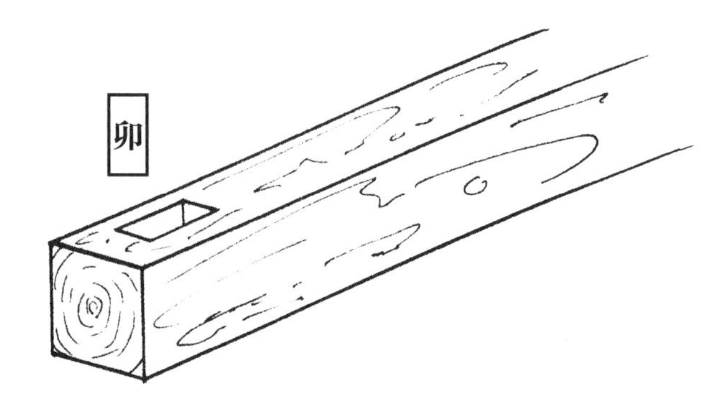

卯榫是构件或器物中利用凹凸方式接合的部分，凸出的部分叫榫，凹进去的部分叫卯。

根据榫头形状的不同，可以分为直榫、圆榫、燕尾榫等。

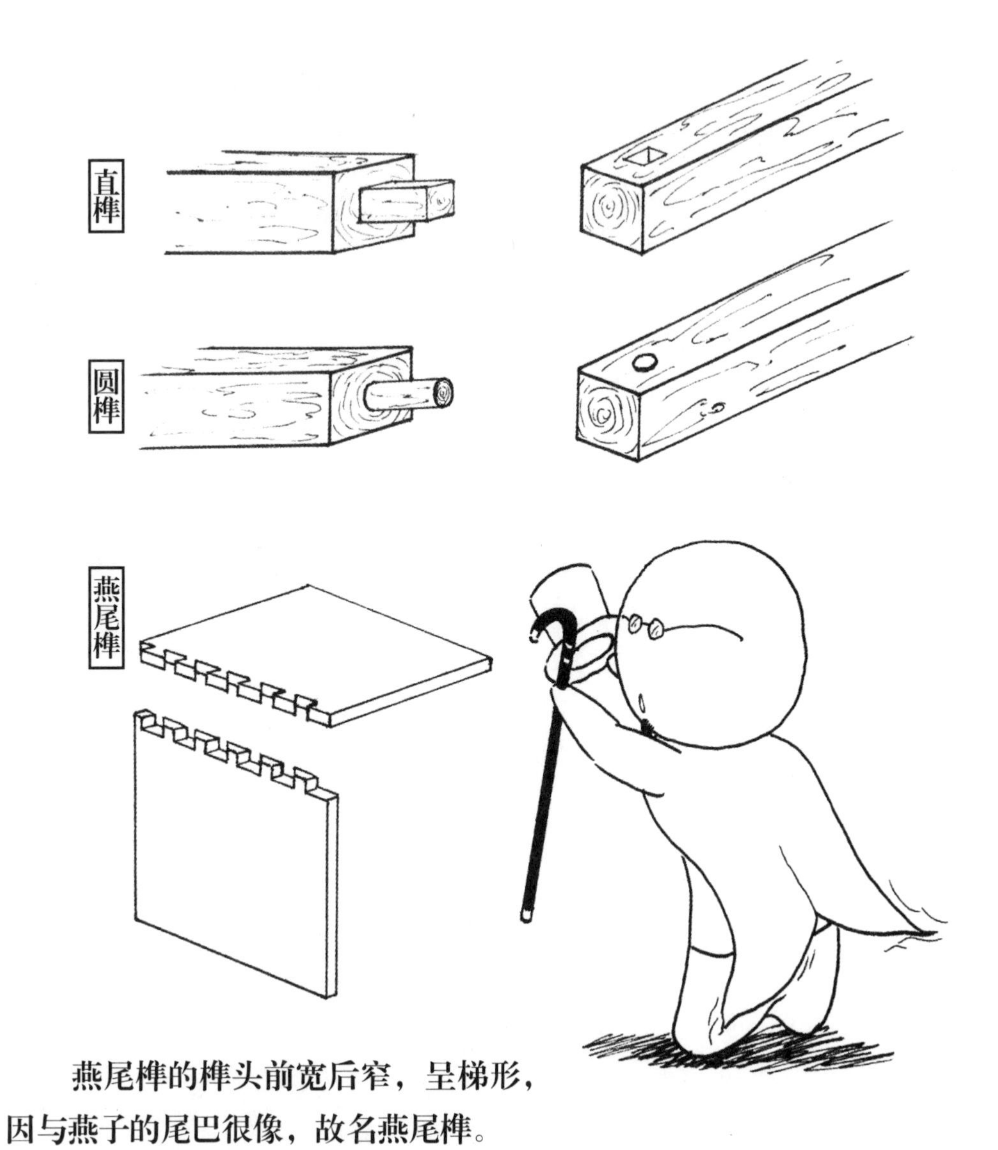

燕尾榫的榫头前宽后窄，呈梯形，因与燕子的尾巴很像，故名燕尾榫。

楔子是插入榫缝或空隙中，起固定或堵塞作用的木片等，侧面多为三角形。

卯榫接合时，榫的尺寸若小于卯，两者之间的缝隙可由楔子来填充，使卯榫结构更加牢固。

xiē

楔

销子是插在器物中，起连接或固定作用的钉状物，常见的有穿销、栽销、透销等。

xiāo

木钉是用木料制成的呈条形，可以打入他物的零件，断面多为圆形，起到加固的作用。以下图为例，仅在椅子的搭脑和扶手上用了 4 枚木钉，便固定了椅子。

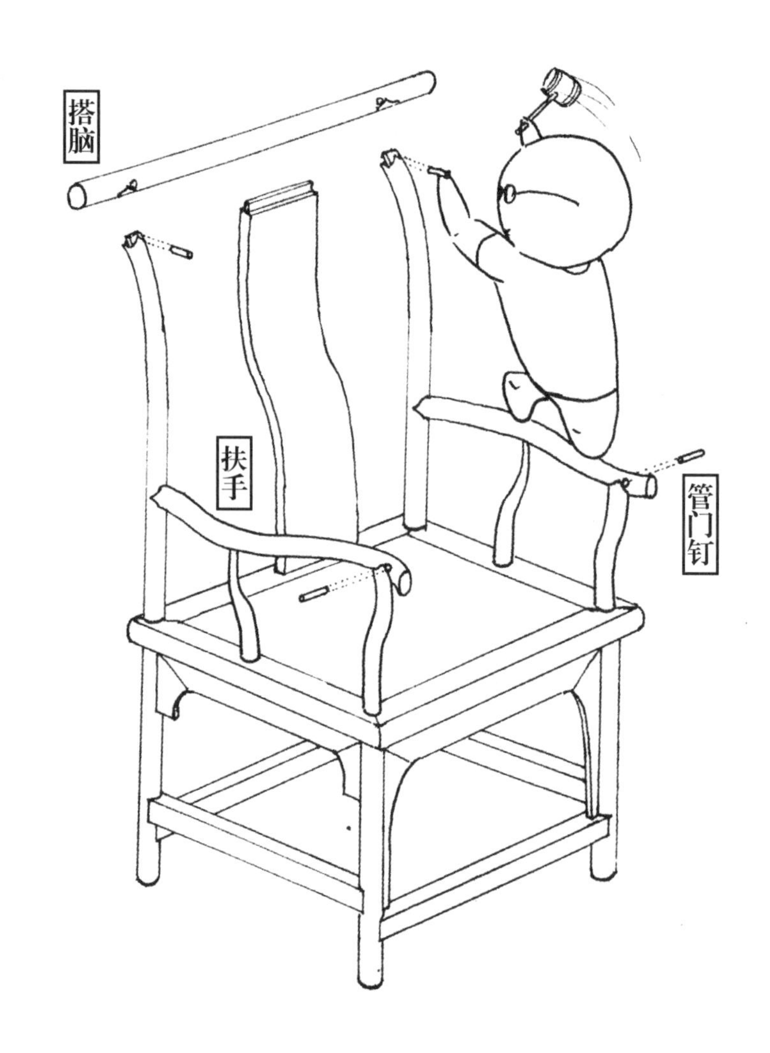

在中国古典家具行业，除西北干燥地区偶见用铁钉外，其他地区极少使用铁钉，一般使用木钉或竹钉。

第肆章

木匠祖师

鲁班，中国古代建筑工匠。姓公输，名般，亦作班、盘，或称『公输子』『班输』。春秋时期鲁国人，故人称『鲁班』或『鲁盘』。相传他发明了多种木工工具，被后世木匠尊为『祖师』。

木工

鲁班

鲁班的发明创造很多，包括木工工具、作战工具、生活用具等，散见于战国以后的书籍中。因其发明创造为人们的生活做出了贡献，鲁班一直受到后人的尊崇。

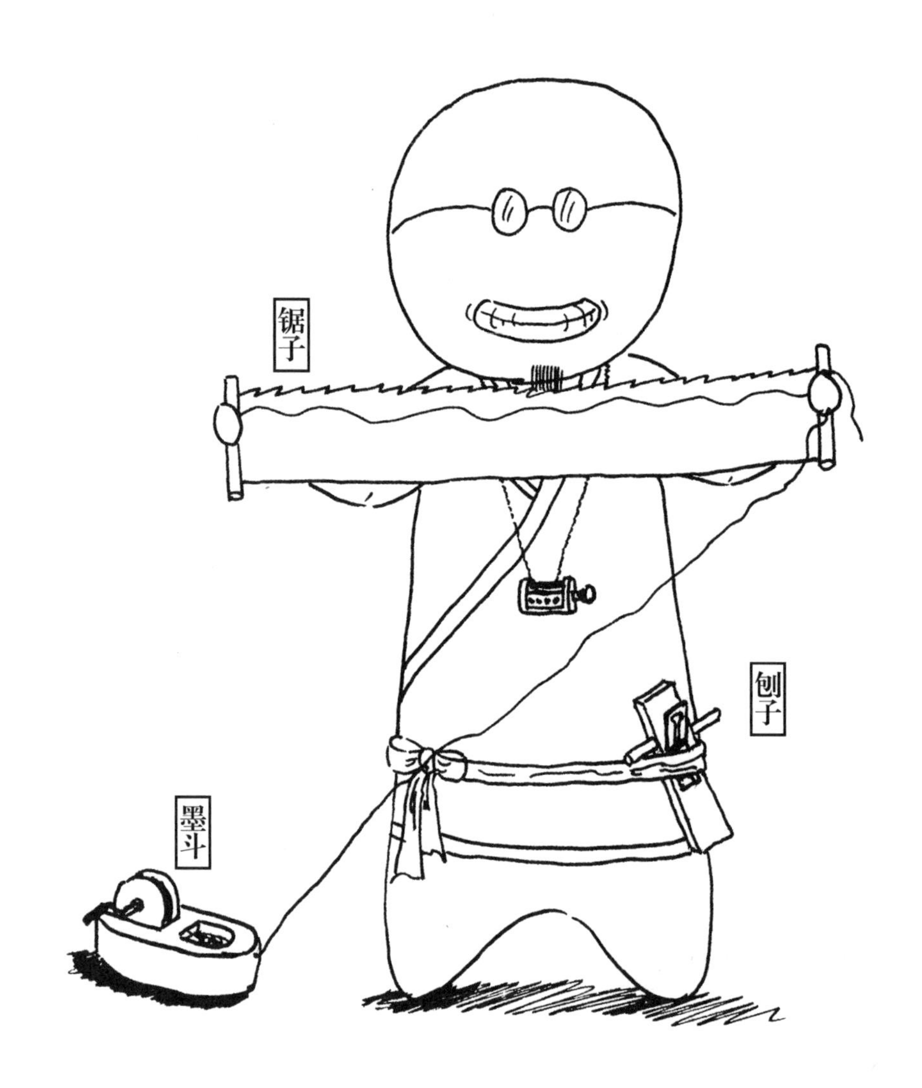

墨斗、刨子、钻子、凿子、铲子、锯子等木工工具的出现，把当时的工匠从繁重的劳动中解放出来。

一天，鲁班进山砍树，手被野草的叶子划破了，他摘下叶子轻轻一摸，原来叶子两边长着锋利的齿，他用这些齿在手背上轻轻一划，居然割开了一道口子。

后来，鲁班又看到一只蝗虫在一株草上飞快地啃吃叶子，仔细一看，原来蝗虫的牙齿上同样有许多小细齿，蝗虫正是用这些小细齿来咬断草叶的。

鲁班想，如果砍伐树木的工具也做成齿状的，是不是能很快砍倒树木呢？经过多次试验，鲁班终于发明了锋利的锯子，大大提高了伐木的效率。

有人认为，鲁班从草叶的齿形边缘领悟到了锯子的使用原理，这是无意间运用了『仿生学』的知识。

云梯是古代攻城时攀登城墙的长梯，主要由车轮、梯身、钩三部分组成：车轮可以让云梯被人推动前行；梯身采用折叠结构，能够根据城墙的高度进行调节；梯子顶端的铁钩可以挂在城墙上，便于固定云梯。云梯为攻城登墙提供了便利。

《武备志·军资乘》详细记载了云梯的使用方法：『以大木为床，下施六轮，上立二梯，各长二丈余，中施转轴，车四面以生牛皮为屏蔽，内以人推进。及城，则起飞梯于云梯之上，以窥城中，故曰云梯。』

《墨子·鲁问》记载了钩拒的来源：『公输子自鲁南游楚焉，始为舟战之器，作为钩强（拒）之备，退者钩之，进者强（拒）之。』

钩拒，古代水战用的一种兵器，又名钩距。形制为长柄上带有金属钩的器具。当船与船之间交战时，可以用钩拒抵抗敌船，将其推开，也可以用钩拒将欲逃跑的敌船钩住拉回。

打不过的不能钩过来，要推开。
打得过的不能让他跑掉，要钩住。

木鸢

yuān

有人认为木鸢是墨子发明的，《韩非子·外储说左上》即记载：『墨子为木鸢，三年而成，蜚（飞）一日而败。』

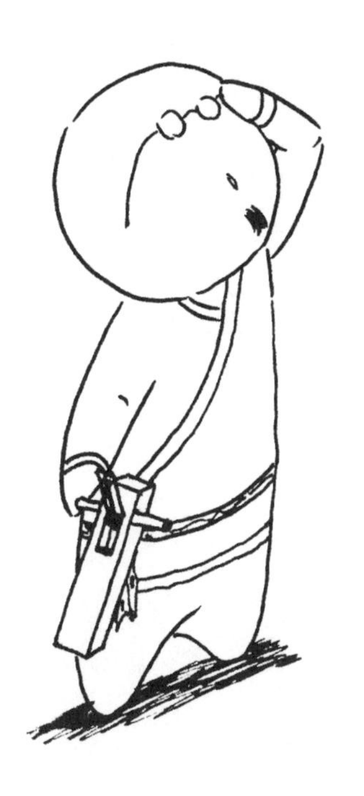

木鸢，相传是古人用木头制成的形状像鸟的飞行器。据《墨子·鲁问》记载："公输子削竹木以为鹊，成而飞之，三日不下，公输子自以为至巧。"说的是鲁班制作的木鸟，工艺精巧，能乘风而飞，三日不降落。

我国古代早期的水井很不规范，形状不方不圆，口大底小，只能算是应急用的水坑。

现在流传着很多有关鲁班打井定位和施工方法的口诀，很多依然在使用的古井大都符合这些口诀。

相传，鲁班当年看见乡亲们用瓦罐提水既危险又辛苦，于是冥思苦想，发明了拉水的滑轮，慢慢地，滑轮逐渐演变成了辘轳，便利了老百姓的生活。

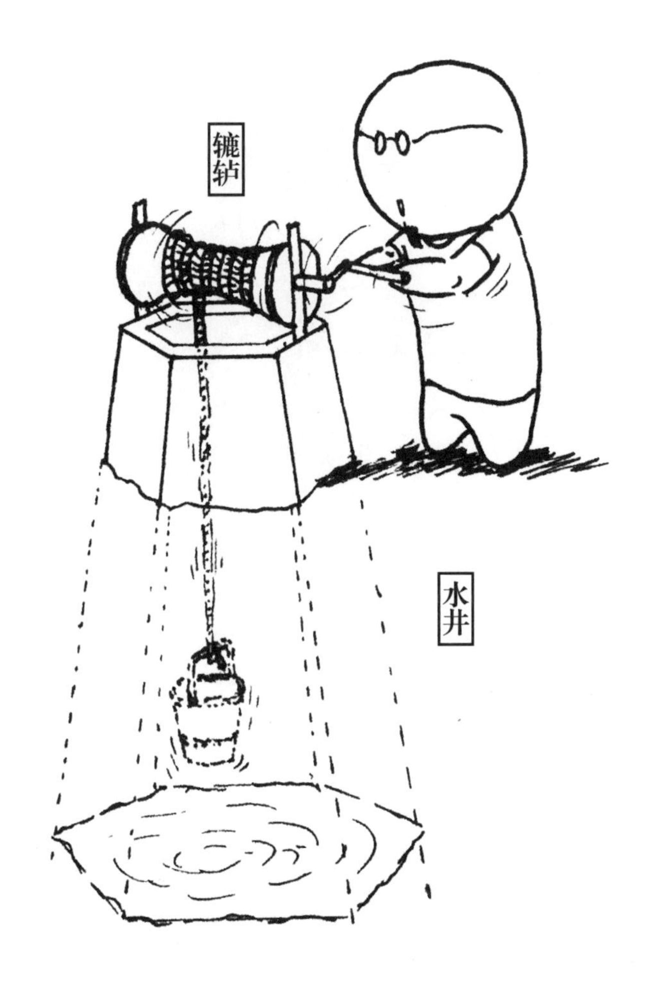

lù lu
辘轳

杵臼是舂捣粮食或药物等的工具，由木制的杵和石制的臼组合而成。

石磨是粉碎粮食的工具，两块圆形石块摞在一起，中间装有短轴，推动短轴，石磨就可以转动起来。与杵臼的上下运动相比，石磨旋转运动，省时、省力，大大提高了生产效率。

chǔ 杵
jiù 臼
chōng 舂

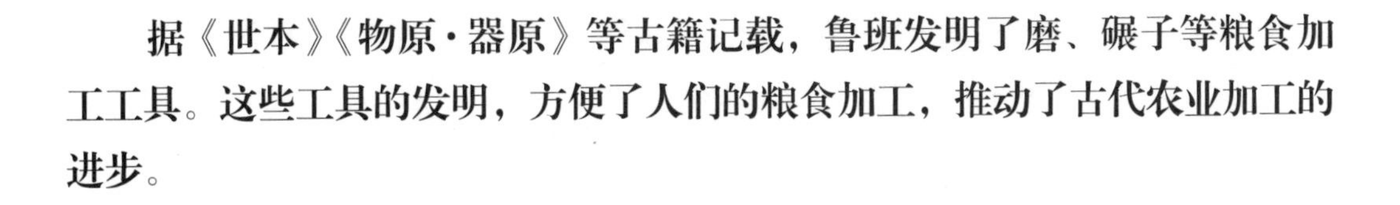

据《世本》《物原·器原》等古籍记载，鲁班发明了磨、碾子等粮食加工工具。这些工具的发明，方便了人们的粮食加工，推动了古代农业加工的进步。

传说鲁班外出，天空忽然下起了大雨，他四处躲雨时，看见一群小孩子头顶荷叶在雨中嬉闹，荷叶上的雨水顺着荷叶的脉络向四周流去，孩子们身上的衣服并没有被淋湿。鲁班受此启发，经过多次试验，发明了能够遮风挡雨的伞。

关于伞的来历有很多传说，有人说尧舜时期就有了伞，还有人说伞是鲁班的妻子发明的。

在雕刻方面，鲁班也有为后人所称道的贡献。相传他是最早在石头上雕刻地图的人，据《述异记》记载：“鲁班刻石为禹九州图，今在格城石室山东北岩中。”

据尚书·禹贡记载，分古代中国为冀、兖、青、徐、扬、荆、豫、梁、雍九州。后以九州泛指天下，也指中国。